DIE
TECHNISCHE HOCHSCHULE
IN IHRER WANDLUNG

Vortrag

von Professor Dr. LUDWIG FÖPPL, Rektor
der Techn. Hochschule München, anläßlich der
Jahresfeier am 12. Dezember 1947

1 9 4 8

LEIBNIZ VERLAG MÜNCHEN
BISHER R. OLDENBOURG VERLAG

MÜNCHNER HOCHSCHULSCHRIFTEN

2

Ludwig Föppl, geboren am 27. Februar 1887 in Leipzig,
Rektor der Techn. Hochschule München

Die technischen Wissenschaften haben rasche Fortschritte gemacht, was sich in der Entwicklung der Technischen Hochschulen auswirkt. Der Übergang von der Gewerbeschule über das Polytechnikum zur Technischen Hochschule kennzeichnet zugleich die erhöhten wissenschaftlichen Anforderungen, die man an die Ingenieure stellen mußte, damit sie die immer weiter gesteigerten Aufgaben der Technik meistern konnten. Dieser Prozeß geht auch heute noch weiter und ist dadurch gekennzeichnet, daß eine immer stärkere Spezialisierung eintritt, was für die anderen Wissenschaften natürlich in gleicher Weise gilt.

Es erhebt sich nun die Frage, welche Stellung die Technische Hochschule angesichts dieser Entfaltung der Technik in immer feinere Verästelung einnimmt. Dazu kommt aber noch eine zweite Fragestellung, die für die Weiterentwicklung der Technischen Hochschule von grundlegender Bedeutung ist. Es handelt sich um die Verantwortung, die der Ingenieur durch seine Arbeit dem Volksganzen und der Menschheit gegenüber zu übernehmen hat. Diese Frage steht gerade in unserer Generation, die durch den Mißbrauch der Technik so furchtbar zu leiden hat, im Mittelpunkt der Diskussionen über künftige Ingenieurausbildung. Es ist daran das ganze Volk interessiert.

Wie brennend diese Probleme für die Technischen Hochschulen sind, geht daraus hervor, daß sich das dringende Bedürfnis nach einer gründlichen Aussprache hierüber sowohl bei den Hochschullehrern als auch bei vielen verantwortungsbewußten Ingenieuren der Praxis und anderen mit der Technik und der Erziehung in Verbindung stehenden Männern ergeben hat.

Unter dem Einfluß dieser drängenden Kräfte ist im August 1947 der Internationale Kongreß für Ingenieur-Ausbildung in Darmstadt zustande gekommen. Es ist ein großes Verdienst unserer Darmstädter Schwester-Hochschule, daß sie allen Schwierigkeiten zum Trotz in ihrer zerbombten Stadt und schwer beschädigten Hochschule diesen Kongreß, zu dem etwa 500 Teilnehmer, darunter viele Ausländer von 14 Nationen eingetroffen waren, durchgeführt hat. Es wurden die oben gekennzeichneten Probleme, die für die zukünftige Entwicklung der Technischen Hochschulen ausschlaggebend sind, in allen Einzelheiten sowohl in den Sektionen als auch im Plenum besprochen und es gilt nun die dabei als richtig erkannten Gesichtspunkte in die Tat umzusetzen.

Die Vorschläge sind mit großer Einmütigkeit gefaßt worden, ein Zeichen dafür, daß die neue Zielsetzung für die Technischen Hochschulen ein Gebot der Stunde ist. Besonders sei hervorgehoben, daß dabei auch Philosophen das Wort ergriffen haben, wie Donald Brinkmann, Zürich, auf dessen Aufsatz „Mensch und Technik" in der Hamburger Akademischen Rundschau, Jahrgang 1946/47, besonders hingewiesen sei.

Zum ersten Hauptthema des Kongresses „Technik als ethische und kulturelle Aufgabe" hat man sich gefragt, wie es zu einem derartigen Mißbrauch der Technik im 2. Weltkrieg kommen konnte und wie die Menschheit vor der Selbstvernichtung durch künftige Kriege bewahrt werden könne. Die Erörterung dieser Fragen führte zu einem Bekenntnis mit dem Ziele zu einer neuen Humanität. Man stellte fest, daß es kulturfeindliche, der Technik selbst fremde Kräfte waren, die die schöpferische Arbeit des Ingenieurs und damit ihn selbst mißbraucht haben. Damit kann der Vorwurf nicht mehr erhoben werden, daß die Technik als solche für die weithin beobachtbare Zerstörung äußerer und innerer Werte verantwortlich zu machen sei.

Unter Humanität, die wir anstreben müssen, ist diejenige Haltung zu verstehen, die sich des Wertes und der Würde des Menschen, wie sie sich als richtunggebende Begriffe im christlichen Abendland entwickelt haben, stets bewußt ist. Sie ist gleichzeitig eine seelische Kraft, die wir überall als sittlichen Kern in unserem Tun und Lassen einsetzen. Es muß erst wieder die in früheren Zeiten selbstverständliche, seit einem Jahrhundert aber mehr und mehr verlorengegangene „Frömmigkeit des Herzens" in uns verankert werden als Voraussetzung für unser Handeln.

Dies muß die Grundhaltung für die Arbeit an der Wandlung unserer Hochschule sein.

Bevor man an eine Reform der Hochschule herangeht, muß man sich klar darüber sein, welche grundlegenden Voraussetzungen gewahrt bleiben müssen. Dies hat kürzlich Professor Jaspers in Heidelberg prägnant formuliert. Er sagt: „Die rechte Ausbildung der Hochschule ist nicht wie die der Schulen. Die Hochschullehrer sind grundsätzlich zugleich Forscher, weil die Lehre, um die es sich für die akademischen Berufe handelt, nur von Forschern wirkungsvoll vollzogen werden kann. Denn das Wesentliche ist nicht der selbstverständliche Erwerb von Kenntnissen und Fertigkeiten, sondern die Teilnahme am Prozeß des Wahrheitssuchens selber." Jaspers macht darauf aufmerksam, daß die Universitäten und Hochschulen schon seit mehreren Jahrzehnten durch die große Zahl von Studierenden von ihrem früheren Niveau gesunken sind. Aber mit Rücksicht auf die besten unter unseren Studenten sollte der Grundsatz gelten „Je mehr Schulbetrieb, desto weniger Hochschule".

Wir alle sind mehr oder weniger Spezialisten und müssen es sein; denn die Wissenschaften sind soweit entwickelt, daß ein Mensch nur in einem beschränkten Umkreis wirklich ganz sachverständig sein kann; aber es kommt darauf an, ob der Spezialist seine Sache isoliert oder ob er aus dem umgreifenden Ganzen Ideen erschließt, die ihn beseelen und vorantreiben. „Den Geist der Hochschule, ihre Idee, aus den Funken in der Asche wieder zu Flammen zu bringen, das ist unsere Aufgabe."

Um zum Kern des Problems in Sonderheit für die Technische Hochschule vorzustoßen, ist die Frage nach dem Wesen der Technik von Bedeutung. Hierin gingen bisher die Ansichten weit auseinander. Fragt man etwa einen Nationalökonomen nach dem Wesen der Technik, so kann man z. B. in einem bekannten Grundriß der Sozialökonomie lesen: „Technik ist um der Wirtschaft willen da, aber Wirtschaft nur durch die Technik vollziehbar".

So eng auch die Technik mit der Wirtschaft verknüpft ist, so kennzeichnet diese Verknüpfung keineswegs das Wesen der Technik. Die Wirtschaft hat mit dem Wesen der Technik nichts zu tun. Untersucht man die Entstehung wichtiger technischer Erfindungen wie Webstuhl, Dampfmaschine, Elektromotor, Dieselmotor, Flugzeug und andere, so findet man, daß wirtschaftliche Ökonomie im Sinne eines Strebens nach Gewinn oder bloßer Bequemlichkeit fast nie den Antrieb zu technischer Höchstleistung gefördert hat.

Von anderer Seite wird aus der engen Verbindung zwischen Physik und Technik geschlossen, daß das Wesen der Technik mit dem der Physik übereinstimmen müsse. Für Teile der Technik gilt dies sicher, denn viele große technische Werke besitzen physikalische Forschungslaboratorien, in denen die Grundlagen für die in dem Werk geschaffenen Endprodukte untersucht werden. Aber die Physik und ebenso die Mathematik stellen doch nur, trotz ihrer Bedeutung für die Technik, Hilfswissenschaften dar, die allerdings dem Wesen der Technik schon einen markanten Stempel aufdrücken. Der bekannte Ausspruch „die Physik von heute ist die Technik von morgen" trifft sicher vielfach zu und man möchte daraus schließen, daß die Technik nur eine im einzelnen fortgesetzte rein physikalische Gedankenreihe sei. Dem ist aber nicht so. Dies geht schon daraus hervor, daß mitunter die technische Gestaltung der physikalischen Erkenntnis weit voraneilt, wie dies bei der Entwicklung der Dampfmaschine der Fall war, die ihrerseits zur Begründung der Wärmelehre wesentlich beigetragen hat. Die Technik hat ihren eigenen Geist. Man kann ihn wohl am besten durch das Wort Gestalten kennzeichnen. Der Geist des Gestaltens ist es, der das Wesen der Technik ausmacht. Er ist es, der aus den physikalischen Grundlagen und mathematischen Berechnungen das technische Gebilde schafft. Gestalten heißt die Hauptaufgabe des Ingenieurs und durch diese

Tätigkeit unterscheidet er sich grundlegend vom Physiker und Mathematiker. Von der einwandfreien Berechnung einer Konstruktion bis zu ihrer Ausführung ist noch ein gewaltiger Schritt, der vom Theoretiker manchmal unterschätzt wird. Die sogenannten Konstanten, die in die Berechnung eingehen und die dem Theoretiker keine Schwierigkeiten bereiten, sind es vor allen Dingen, mit denen sich der Ingenieur bei der Übertragung in die Wirklichkeit beschäftigen muß. Die richtige Auswahl des Materials und der Querschnitte und die dadurch bedingten Lageverhältnisse im Raum sind dabei wichtige Gesichtspunkte, die bei der gestaltenden Tätigkeit des Ingenieurs im Hinblick auf eine zweckmäßige Konstruktion zu beachten sind. Ebenso wie der Architekt während des Baues immer den Endzweck im Auge haben muß, dem sich jeder einzelne Schritt unterordnen muß, so gilt das gleiche von der Tätigkeit des Ingenieurs, und deshalb dürfte die spezifische Ingenieurtätigkeit durch das Wort Gestalten am besten wiedergegeben werden. Man sieht daraus zugleich, daß das Wesen der Tätigkeit des Architekten und des Ingenieurs nahe verwandt ist, wenn auch die Grundlagen, von denen beide ausgehen, verschieden sind: Der Architekt gestaltet aus künstlerischen Motiven, während der Ingenieur bei seiner Tätigkeit des Gestaltens auf physikalisch-mathematischer, gelegentlich auch auf chemischer Grundlage aufbaut.

Aus dieser Erkenntnis ergibt sich für die Ingenieur-Ausbildung an der Technischen Hochschule die Forderung nach einer Einführung in die mathematischen, physikalischen und chemischen Grundlagen einerseits und in die Elemente des Gestaltens andererseits. Dabei spielt die Technische Mechanik das Bindeglied zwischen den mathematischen Vorlesungen und der konstruktiven Gestaltungstätigkeit. In den ersten Semestern sollte auf die mathematisch-physikalischen Grundlagen das Hauptgewicht gelegt werden, während in den späteren Semestern die Vorlesungen und Übungen, die die gestaltende Tätigkeit des Ingenieurs vermitteln sollen, in den Vordergrund rücken müssen.

Wenn wir nun die Antwort auf die erste der oben angezeigten Fragen geben wollen, wie sich die Hochschule den vielfach verästelten Teilaufgaben der Technik gegenüber verhalten soll, so kann sie nur so lauten: Im allgemeinen Beschränkung auf die Grundlagen, diese aber gründlich; denn mit ihrer Hilfe kann sich der Ingenieur in der Praxis überall zurechtfinden. Nur in einem oder zwei Teilgebieten der Technik sollte der Studierende in den höheren Semestern eine vertiefte Ausbildung erhalten. Darüber hinaus sollte jede Hochschule versuchen, geeignete Lehrkräfte aus der Praxis zu gewinnen, die im Lehrauftrag über wichtige technische Einzelgebiete vortragen, aber auch nur unter Vermittlung der Grundlagen. Es muß der Initiative der einzelnen Fakultäten überlassen werden, unter Ausnützung der gegebenen Möglichkeiten die richtige Auswahl zu treffen.

Nichts wäre verfehlter, als zu glauben, die Technische Hochschule müsse die jeweilige Technik in all ihren Einzelheiten möglichst getreu widerspiegeln. Sie hat vielmehr die Aufgabe, dem jungen Ingenieur ein Rüstzeug mit auf den Weg zu geben, das ihm die Möglichkeit gibt, sich verhältnismäßig rasch in die Aufgabe, die ihm die technische Praxis stellt, einzuarbeiten. Dieses Rüstzeug sind aber die oben besprochenen Grundlagen, die für jeden technischen Fortschritt anwendbar sind.

Die Technische Hochschule hat aber noch eine zweite Aufgabe zu erfüllen. Sie muß in dem Studenten die sittliche Verantwortung wecken, die er als Ingenieur seinem Volk und der Menschheit gegenüber trägt. Die Notwendigkeit der Erziehung zur Verantwortung des Ingenieurs für das, was mit seinem Werk geschieht, haben erst die Ereignisse des zweiten Weltkrieges klar herausgestellt. Ebenso wie die Physiker eine Kontrolle über die Verwendung der Zerstörungswaffen, die sie geschaffen haben, verlangen, gilt dies auch für die Ingenieure. Es geht nicht an, daß der Ingenieur die Ergebnisse seines Fleißes und Genies aus den Händen gibt, ohne sich darum zu kümmern, welcher Gebrauch davon gemacht wird; nur zu leicht können sie dann einem Unhold dazu dienen, sie nicht zum Segen, sondern zum Fluch der Menschen zu gebrauchen. Der technische Fortschritt soll und kann nicht aufgehalten werden, aber er muß den Menschen zum Segen gereichen; das kann der Ingenieur fordern und daß er zu dieser Verantwortung erzogen wird, ist eine wichtige Aufgabe der Technischen Hochschulen. Diese Aufgabe verlangt in erster Linie, die Einseitigkeit des Ingenieurs zu verhindern. Es ist eine nicht wegzuleugnende Tatsache, daß den Ingenieuren häufig der weite Blick fehlt. Sie sind gewöhnlich fleißige und gewissenhafte Arbeiter in ihrem Beruf, in dem sie mitunter ganz aufgehen; aber es fehlt ihnen dann häufig das Verständnis für die ideelle Seite des Lebens.

Um diese Kritik am Ingenieurstand, die mir als Rektor einer Technischen Hochschule auszusprechen nicht leicht fällt, zu rechtfertigen, beziehe ich mich auf Äußerungen Friedrich Meineckes, des großen Historikers, der vor kurzem seinen 80. Geburtstag gefeiert hat. Er schreibt in seinem im vorigen Jahr erschienenen, sehr lesenswerten Büchlein: „Die deutsche Katastrophe", im 5. Kapitel, wörtlich: „Alles kommt beim Menschen der modernen Kultur und Zivilisation auf ein gesundes, natürliches und harmonisches Verhältnis zwischen den rationalen und irrationalen Kräften des Seelenlebens an. Denn eben diese moderne Kultur und Zivilisation bedroht durch ihre Eigenart dieses Gleichgewicht. Verstand und Vernunft heißen die Kräfte der einen, Gemüt, Phantasie, Begehren und Wollen die Kräfte der anderen Sphäre."

„Jede einseitige Entwicklung einzelner, sei es rationaler, sei es irrationaler Seelenkräfte droht das Ganze zu stören und kann schließlich, immer weiter gesteigert, zu Katastrophen führen, für den Einzelnen wie für Massen, für ganze Völker, wenn ein Sturm von Ereignissen sie in die gefährliche Richtung hineintreibt."

„Jedes neue Sternbild von Ideen, das die Menschen begeistert, führt auch wieder zu einer neuen Dosierung und Verflechtung der seelischen Kräfte oder geht aus einer solchen unmittelbar hervor."

„Besonders hat die Gestaltung des modernen Berufslebens dahin gewirkt, dem Leben einen mechanischen Charakter aufzuprägen, die Lebensziele zu normalisieren, die innerliche Spontaneität des Seelenlebens zu vermindern."

„Ein besonders typischer Fall, auf den mich vor Jahren einmal ein guter Beobachter aufmerksam machte, sei jetzt erwähnt, weil er gewisse, oft wiederkehrende Züge im Hitlermenschentum verständlich macht. Es kommt jetzt häufig vor, erzählte jener Beobachter aus der Zeit vor dem Dritten Reich, daß junge Techniker, Ingenieure usw., die auf ihrer Hochschule eine vortreffliche Fachausbildung genossen hatten, zehn bis fünfzehn Jahre sich ihrem Beruf mit voller Hingabe widmeten und, ohne nach rechts oder links zu blicken, nur tüchtige Fachmänner sein wollten. Dann aber um die Mitte oder gegen Ende ihrer Dreißiger Jahre erwache etwas in ihnen, was sie früher nie gekannt hätten, was auch bei ihrer Ausbildung nie an sie recht herangetreten sei — etwas, das man das unterdrückte metaphysische Bedürfnis nennen könnte. Und nun stürzten sie sich mit Heißhunger auf irgend eine besondere, ideelle Beschäftigung, auf irgend eine gerade in Mode stehende Sache, die ihnen besonders wichtig für das Volkswohl oder für den einzelnen erscheine—sei es nun Antialkoholismus oder Bodenreform oder Eugenik oder okkulte Wissenschaften. Dann verwandle sich der bisherige nüchterne Fachmann in eine Art Propheten, in einen Schwärmer, vielleicht gar Fanatiker und Monomanen. Der Typus des Weltverbesserers also entsteht. — Da sieht man, wie die einseitige Dressur des Intellektes, zu dem die arbeitsteilige Technik vielfach führt, zu einer jähen Reaktion des vernachlässigten irrationalen Seelentriebs führen kann, nun aber nicht zu einer wirklichen Harmonie von kritischer Zucht und schöpferischer Innerlichkeit, sondern zu einer neuen Einseitigkeit, die nun wild und maßlos um sich greift. — In manchen der Naziführer glauben wir diesen Typus zu erkennen. Alfred Rosenberg z. B. begann als Techniker und stürzte sich dann auf jene wilden geschichtsphilosophischen Komplexe, die er in seinem Mythos des 20. Jahrhunderts der Welt verkündet hat. Es braucht auch nicht gerade ein technischer Beruf dem Rausche des Weltverbesserers voranzugehen. Auch Menschen mit heißen Köpfen und autodidaktischem Bildungstriebe und Ehrgeiz, hineingezwungen in den technisch normalisierten Arbeitsbetrieb von heute, können in diesem Konflikt von Seele und Umwelt das innere Gleichgewicht leicht verlieren und lichterloh brennen. Der kleine Zeichner und Aquarellist Hitler, der beim Bau sich einst sein kärgliches Brot verdienen mußte und seinen Judenhaß dabei zu einer Weltanschauung mit Welterlösungsaffekten emporzüchtete, ist ein solcher Fall." Soweit Friedrich Meinecke.

Das Bestreben, ähnliche Katastrophen, wie wir sie im zweiten Weltkrieg erleben mußten, künftig nach Möglichkeit zu vermeiden, war die eigentliche Veranlassung zum Darmstädter Kongreß. Dementsprechend lautet eine ihrer Thesen folgendermaßen:

„Der asoziale Mißbrauch der Technik und aller ihrer Dienste und Möglichkeiten muß vor jedem und mit allen Mitteln verhindert werden. Für alle Ingenieure der Welt muß es ein vordringliches Anliegen sein, hierzu geeignete Wege zu finden. Die Steigerung der Bereitschaft der Ingenieure zur Mitwirkung an Legislative und Exekutive ist eine wichtige Aufgabe."

Es wird jetzt überall anerkannt, daß die Technischen Hochschulen auf eine bessere Allgemeinbildung ihrer Studenten als bisher bedacht sein müssen. Die Technische Hochschule München ist mit der Einführung allgemein bildender Pflichtfächer den anderen Hochschulen vorangegangen. Über das Ausmaß dieser Fächer ist noch nicht das letzte Wort gesprochen. Die Einzelvorträge unserer Vortragsreihe „Probleme der Gegenwart" dienen auch in hervorragender Weise dazu, den Gesichtskreis unserer Studenten zu erweitern. Es muß aber auch dafür gesorgt werden, daß unsere Studierenden nicht durch Überlastung des Stundenplanes ihres Fachstudiums für diese andere Seite ihrer Entwicklung keine Zeit finden. Jeder einzelne Professor muß sich verantwortungsbewußt fragen, wie er dazu beitragen kann, durch Beschränkung auf das Wesentliche Zeit zu gewinnen, um dadurch die Stundenzahl zu verringern. Damit würde sich für den Studenten die Zeit ergeben, die er zur Entfaltung seiner Persönlichkeit notwendig braucht. Eine Verlängerung des technischen Hochschulstudiums von 8 auf 10 Semester wird dabei erörtert werden müssen.

Die Forderung nach einer höheren Allgemeinbildung des Ingenieurs ist nicht nur aus akademischen Erwägungen heraus gewachsen, sondern entspricht auch dem Vorschlag der in der Praxis stehenden Ingenieure selbst. Der Rektor der Technischen Hochschule Zürich, Prof. Tank berichtete auf der Darmstädter Tagung, daß der Bund ehemaliger Absolventen der Technischen Hochschule Zürich, die schon immer aus ihrer praktischen Erfahrung heraus ihrer früheren Hochschule wertvolle Vorschläge für die Entwicklung des Unterrichtes gemacht haben, neuerdings auch die Hebung der Allgemeinbildung des Ingenieurs gefordert habe. Bekanntlich stellen auch die amerikanischen Universitäten die Forderung nach Einführung allgemein bildender Fächer und Beseitigung des Spezialistentums.

Bei den allgemein bildenden Vorlesungen ist mehr noch als bei den Fachvorlesungen den Studenten Freizügigkeit zu gewähren. Der Student soll sich je nach Neigung diese Vorlesungen wählen dürfen. Sache der Hochschule ist es, ihm dafür eine genügende Auswahl zur Verfügung zu stellen. Vor allen Dingen kommen hier Vorlesungen über Philosophie, Geschichte, Literatur- und Kunstgeschichte, Psychologie, Soziologie, Geographie und andere in Betracht. Es ist zu hoffen, daß die Studenten auch über das von ihnen verlangte Maß an Allgemeinbildung hinaus sich mit diesen Dingen beschäftigen, die ihnen auch später in ihrer Ingenieurpraxis als Ausgleich und Erholung dienen können. Diese Vorlesungen müssen an der Technischen Hochschule von allgemeinerem und nicht zu speziellem Standpunkt aus gehalten werden, damit sie beim Studenten auf Resonanz stoßen. Vor diese Vorlesungen möchte ich als Motto setzen:

> Grau, Freund, ist alle Theorie
> und grün des Lebens gold'ner Baum.

Auf eine allgemein bildende Vorlesung, die für die Technische Hochschule von besonderer Bedeutung ist, da sie unmittelbar unsere Studenten anspricht, möchte ich hier hinweisen, nämlich d i e G e s c h i c h t e d e r T e c h n i k. Jeder Student sollte Interesse daran haben zu erfahren, wie die technische Wissenschaft, die er erlernt, allmählich geworden ist und welche Männer dabei besonders wichtige Fortschritte erzielt haben. Eine solche Vorlesung könnte durch Eingehen auf die Arbeit, das Lebensschicksal und die Charaktere dieser Schrittmacher der Technik in hohem Grade charakterbildend wirken. Wie packend könnte in einer solchen Vorlesung der Künstler als Ingenieur, in der Gestalt Leonardo da Vincis oder das Lebensbild tief religiöser Ingenieure behandelt werden, wie Otto von Guericke, James Watt oder um Namen aus jüngster Vergangenheit zu nennen: Michael Pupin, der Erfinder der nach ihm benannten Selbstinduktionsspulen, oder Wilhelm Schmidt, der Konstrukteur von Hochdruckdampfmaschinen. Es wäre auch sehr zu begrüßen, wenn unseren Studenten die Möglichkeit geboten würde, in das Leben und die Arbeit großer Ingenieure der letzten technischen Epoche, wie Hugo Junkers, Oskar von Miller, Karl von Linde, Rudolf Diesel und andere durch Vorträge Einblick zu bekommen.

An unserer Hochschule wurde schon gelegentlich eine Vorlesung über die Geschichte des Maschinenwesens von unserem Kollegen, Prof. Dr. Manfred Schröter, gehalten. Der gute Besuch dieser Vorlesung zeugt nicht nur vom richtigen Einfühlungsvermögen des Dozenten, sondern auch von dem großen Interesse der Studenten an der Geschichte ihrer Wissenschaft. Es wäre zu wünschen, daß ähnliche Vorlesungen, auch über die geschichtliche Entwicklung der übrigen Ingenieurwissenschaften, regelmäßig gehalten werden könnten.

Jeder Dozent macht die Erfahrung, daß die Studierenden mit gesteigerter Aufmerksamkeit einer Vorlesung folgen, wenn man den gelehrten Gegenstand irgendwie mit dem Leben im allgemeinen in Beziehung bringt. Ein guter Lehrer wird eine solche Gelegenheit, wenn sie sich ihm ungezwungen bietet, nie versäumen. Er wird überhaupt seinen Studenten den weiten Blick für die Zusammenhänge der einzelnen Fachgebiete vermitteln, um dadurch das Fachwissen selbst harmonisch in unser geistiges und seelisches Gesamtbild einzugliedern. Wir müssen bestrebt sein, auch die sogenannten trockenen Wissenschaften lebendig zu gestalten. Wir sollten aber auch nicht vergessen, in unseren Vorlesungen auch immer wieder auf die Verantwortung hinzuweisen, die der Ingenieur wie jeder andere Gebildete heutzutage mehr denn je vor dem Volksganzen trägt. Die Korruption hat weite Kreise unseres Volkes erfaßt und droht auch in die Schichten unseres Volkes, die als unbestechlich gelten, einzudringen. Wenn als Entschuldigung auch Hunger und Elend dienen, so darf dies doch kein Grund sein, die moralischen und ethischen Grundlagen unseres Daseins zu verleugnen. Wenn Professoren von Eltern von Kandidaten, die ins Examen steigen oder die in die Hochschule aufgenommen werden wollen, Nahrungsmittel angeboten erhalten, wie es jetzt vorgekommen ist, so ist dies ein bedenkliches Zeichen dafür, wie die Schlange der Versuchung auch in unseren Reihen die Moral zu unterhöhlen trachtet. Wir Professoren müssen unseren Studenten ein Beispiel von absoluter Sauberkeit der Gesinnung geben. Zugleich sollten wir aber auch Apostel dieser Gesinnung sein und nicht müde werden, gegen die Korruption in unserem Volke anzukämpfen; denn die Sauberkeit der Gesinnung ist die Grundlage echter Demokratie.

Damit habe ich Ihnen die Wandlung, die die Technische Hochschule zur Zeit und in naher Zukunft durchführen muß, in großen Linien geschildert. Im Vergleich zu dieser grundlegenden inneren Reform sind andere Fragen, die z. Z. auch die Rektorenkonferenzen beschäftigen, wie z. B. die Frage, ob man statt „Technischer Hochschule" künftig „Technische Universität" sagen soll, wie es bei der Charlottenburger Hochschule schon eingeführt wurde, nur von untergeordneter, rein äußerlicher Bedeutung. Das Wesentliche ist und bleibt der Geist und die Gesinnung die in unseren Räumen herrschen. Wir wollen nicht müde werden, trotz aller Not, an diesen hohen Zielen zu arbeiten. Wenn die Zeiten in Deutschland auch düster sind, so sollen unsere Studenten den Mut nicht sinken lassen, eingedenk dessen, daß viele hervorragende Männer und Frauen eine schwere Jugend durchmachen mußten und daß man oft in Lebenserinnerungen liest, daß gerade die Entbehrungen der Jugend für sie der Anlaß zur Entfaltung ihrer Kräfte und Fähigkeiten waren und damit zum Ursprung ihrer späteren Erfolge wurden.

Freude, Zufriedenheit und Glück sind nicht an Reichtum und Wohlleben gebunden. Auch in unseren harten Zeiten sind sie möglich. Möge die Wandlung, die unsere Hochschule durchführen wird, unserer studierenden Jugend und damit unserem Volke zum Segen gereichen. Das höchste Ziel, das wir anstreben können, ist, die Hochschulzeit für unsere Studenten zum großen inneren Erlebnis werden zu lassen. Wenn unsere Studenten in Erinnerung an ihre Studienzeit dereinst sagen können: Es war eine harte Zeit, aber sie war doch schön und unvergeßlich und hat uns die Grundlagen für unseren Beruf und für ein rechtes Dasein mitgegeben, so haben wir dieses Ziel erreicht.

Bei allen Schlacken, die als Verfallserscheinungen einer überwundenen Epoche in unserem Volk auftreten, sind doch auch Zeichen innerer Erneuerung unverkennbar zu beobachten. Sie gerade bei unserer Jugend zu fördern, sei unsere vornehmste Aufgabe. Unsere Studenten, die in der Schule und im Heeresdienst den rücksichtslosen Draufgänger als Idealbild vorgegaukelt bekommen haben, wenden sich nunmehr aus eigener innerer Überzeugung von diesem Zerrbild deutschen Wesens ab und streben neuen Idealen edler Menschlichkeit zu. Ich schließe diese Ausführungen mit dem Bekenntnis zu dem neuen Idealbild des deutschen Menschen, wie es durch die Worte gekennzeichnet ist: „Es gibt etwas, das höher steht als der Stolz und das vornehmer ist als die Eitelkeit, die Bescheidenheit nämlich, und etwas, das seltener ist als die Bescheidenheit, nämlich die Einfachheit."

www.ingramcontent.com/pod-product-compliance
Lightning Source LLC
Chambersburg PA
CBHW081247190326
41458CB00016B/5947